BEI GRIN MACHT SICH IHR WISSEN BEZAHLT

- Wir veröffentlichen Ihre Hausarbeit,
  Bachelor- und Masterarbeit

- Ihr eigenes eBook und Buch -
  weltweit in allen wichtigen Shops

- Verdienen Sie an jedem Verkauf

Jetzt bei www.GRIN.com hochladen
und kostenlos publizieren

Bibliografische Information der Deutschen Nationalbibliothek:

Die Deutsche Bibliothek verzeichnet diese Publikation in der Deutschen National-
bibliografie; detaillierte bibliografische Daten sind im Internet über http://dnb.d-
nb.de/ abrufbar.

Impressum:

Copyright © 2015 GRIN Verlag, Open Publishing GmbH
Druck und Bindung: Books on Demand GmbH, Norderstedt Germany
ISBN: 9783668367456

Dieses Buch bei GRIN:

http://www.grin.com/de/e-book/349140/chrombelastung-in-boeden-nordindiens

Felix Unger

Chrombelastung in Böden Nordindiens

GRIN Verlag

Universität zu Köln | Geographisches Institut

Oberseminar: Aktuelle Probleme umweltorientierter
                        Bodenforschung
Veranstaltungsnummer: 0201
Semester: SoSe 2015

*Massive Chrombelastung von Böden, Sedimenten und Grundwässern
in Nordindien:*

Die Ledergerbung und deren ökologische Folgen

Abgabe am: 21.05.2015

Name: Unger, Felix
Semester: 11
Studiengang: LA (Gym/Ge) Englisch und Geographie (LPO 2003)

Inhaltsverzeichnis

1. Einleitung

Das Spurenmetall Chrom, vor allem wenn es in der sechswertigen Oxidationsstufe Cr(VI) auftritt, belastet Böden, Sedimemte und Grundwässer. Chrombelastungen sind in der Regel anthropogenen Ursprungs, z.B. durch Galvanik, Bergbau, Metallverarbeitung oder Lederwaren-Gerbung. Letztere findet vor allem in China, Indien und Bangladesch mit der kostensparenden Chrom-Gerbung statt, da diese Länder häufig günstige Textilien für große Handelsketten der Industrieländer herstellen. Einer dieser *Hot Spots* der Lederwarenherstellung ist die Stadt Kanpur in Uttar Pradesh in Indien (vgl. Abb. 1). Dort werden vor allem Rohleder, Lederschuhe und Schuhkomponenten sowie Reitsportartikel aus Leder hergestellt. Der Gerbprozess verursacht pro Tonne verarbeitetem Rohmaterial ca. 33.000 bis 43.000 l chrom- und natriumsulfidhaltige Abwässer sowie 750 bis 950 kg Feststoff-Abfälle (Braun/Dietsche, 2008: 14). Zwar sind die Gerbereien gesetzlich verpflichtet, ihre Abwässer vorzuklären und ihre Feststoff-Abfälle ordnungsgemäß zu entsorgen, jedoch fehlen die Instanzen, die die Textilindustrie und ihre Abfälle bzw. Abwässer kontrollieren. Das liegt auch daran, dass vor allem Klein- und Kleinstbetriebe in Kanpur operieren, die nicht durch die Behörden erfasst werden. Häufig verfügen die Gerbereien sogar über Vorkläranlagen, verwenden diese jedoch nicht, um Kosten zu sparen (Braun/Dietsche, 2008: 16).

So gelangen chemische Verbindungen, die drei- und (hochtoxische) sechswertige Chromverbindungen enthalten, über die Abwässer in den Ganges und die Grundwässer sowie über die illegalen Klärschlamm- und Feststoff-Abfall-Deponien in die Böden der Region. Im Folgenden soll zunächst das Element Chrom vorgestellt und charakterisiert werden, um im Anschluss Prozesse und Reaktionen erörtern zu können, die Chromverbindungen in Böden, Sedimenten und Grundwässern eingehen können. Schließlich sollen auch Sanierungsmaßnahmen vorgestellt werden, mit denen versucht wird, der Chrombelastung in Böden und Gewässern Herr werden zu können.

2. Das Spurenmetall Chrom

Das Spurenmetall Chrom ist in der Natur ubiquitär vorhanden. Es tritt in ca. 40 Mineralien auf und ist auch für viele Organismen lebensnotwendig. Chrom nimmt mit 100 mg kg^{-1} den 21. Platz in der Häufigkeitsverteilung der Elemente in der Erdkruste ein. Im Erdkern liegt es jedoch mit 5000 mg kg^{-1} an siebter Stelle. Es ist ein silberglänzendes, zähes, dehn- und schmiedbares Metall, mit einer Dichte von 7,2 g cm^{-3}. Es existiert in allen Oxidationsstufen von Cr(II) bis Cr(VI), doch nur die drei- und sechswertigen Verbindungen sowie metallisches Chrom sind von praktischer Bedeutung, da sie die stabilsten Verbindungen darstellen.

Die einzige wirtschaftlich bedeutende Quelle für Chrom ist das Mineral Chromit (oder Chromeisenstein, $FeCr_2O_4$), ein dichtes schwarzes Mineral (siehe Abb. 2), das hauptsächlich Eisen(II)- und Chrom(III)-oxide enthält. Daneben enthält es variable Mengen an Magnesium- und Aluminiumoxiden und geringe Mengen an Silicaten.

Durch industrielle Prozesse werden weltweit etwa 17.000 Mg^{1} a^{-1} Cr in die Atmosphäre emittiert, 51.000 Mg a^{-1} in den Wasserkreislauf und 458.000 Mg a^{-1} den Böden zugeführt (Földi et al., 2013: 1170). Weitere 490.000 Mg a^{-1} Cr werden durch die Verbrennung fossiler Rohstoffe, Düngemittel und andere anthropogene Quellen in die Umwelt emittiert (Ebd.).

Die beiden Oxidationsstufen Cr(III) und Cr(VI) unterscheiden sich erheblich in ihren Eigenschaften und vor allem in ihrer Toxizität. Während Chrom(VI) als Kategorie 1 Karzinogen der IARC[2] deklariert wird (IARC 2015), also hochgradig gefährlich für Menschen und Tiere ist, stellt Chrom(III) ein wichtiges Spurenelement für den menschlichen und tierischen Körper dar (Munk, 1995: 59). Akute Cr(VI)-Vergiftungen äußern sich mit Erbrechen, Kreislauf-, Leber- und Nierenversagen und Hautverätzungen. Langfristig sind Geschwüre auf Haut und Schleimhäuten, Staublunge und Lungenkrebs Erscheinungsbilder einer Cr(VI)-Vergiftung. Sechswertiges Chrom kann jedoch nur unter besonderen Bedingungen vorkommen (in Form von Chromaten und Biochromaten). Diese sind starke Oxidationsmittel und daher Zellgifte. Allerdings lassen sie sich leicht zu Cr(III) reduzieren, wenn entsprechend oxidierbare Substanzen gegenwärtig sind, vor allem in sauren bis schwachsauren Milieus. In der Umwelt auftretendes Chrom(VI) ist in der Regel anthropogenen Ursprungs.

---

1 Megagramm (= 10^6 g)
2 International Agency for Research on Cancer

Im Boden ist das Verhältnis zwischen Cr(III) und Cr(VI) von vielen Faktoren abhängig. Ein wichtiger Indikator ist der pH-Wert. Abb. 3 zeigt das Eh-pH-Diagram der beiden Cr-Oxidationsstufen . Deutlich zu sehen ist, dass Cr(VI) eher bei hohem pH-Wert stabil ist und erst ab hoch-basischen Werten von 11-14 die Menge des Cr(III) übersteigen kann. Bei pH-Werten > 6,5 ist Cr(III) als Chrom(III)-hydroxid $(Cr(OH)^0_3)$ und Cr(VI) ausschließlich als Chromat (CrO_4^{2-}) stabil. Bei pH-Werten < 6,2 ist Cr(VI) als Chromsäure $(HCrO_4^-)$ vorhanden. In einem kleinen Bereich bei pH-Werten zwischen 6,2 und 6,3 ist Chrom auch in zweiwertiger Oxidationsstufe, nämlich in Form von Chrom(II)-hydroxid $(Cr(OH)^+_2)$ stabil. Unter pH-Werten von 6,2 bis etwa 3,9 ist Cr(III) als Chrom(III)-hydroxid $(Cr(OH)^{2+})$ stabil und in sauren bis stark sauren Milieus (pH < 3,9) als Kation (Cr^{3+}). Ab pH-Werten < 2,2 ist das Vorhandensein von Cr(VI) nahezu unmöglich. Messungen des Mittels, das zur Gerbung des Leders verwendet wird, ergaben, dass dieses selbst einen relativ hohen pH-Wert von 11-13 besitzt.

Außer zum Zwecke der Ledergerbung kommt Cr(VI) als Legierungselement (Korrosions- und Hitzeschutz für andere Metalle) oder Katalysator (zur Beschleunigung chemischer Reaktionen) zum Einsatz. In der dreiwertigen Oxidationsstufe ist es als „Kölner Brückengrün", bzw. Chrom(III)-oxid (Cr_2O_3) bekannt. In dieser Form wird es als Farbpigment bis heute eingesetzt. Als „Postgelb", bzw. Blei(II)-chromat $(PbCrO_4)$ ist es aufgrund seiner hohen Toxizität heute fast vollständig durch organische Farbpigmente ersetzt.

3. Die Chrombelastung in Böden Nordindiens

3.1 Die Lederindustrie und ihre Zulieferer in Kanpur

Die Lederindustrie Indiens ist der viertgrößte Devisenbringer des Landes und nimmt etwa 7% der Gesamtexporte ein (Tandon, 2001: 19). Die Gerbereien stellen dabei das Skelett dar, auf das der gesamte Industriezweig aufbaut. In Kanpur operieren in etwa 300 Gerbereien (Gallagher, 2014), mit der Stadt Unnao sind es sogar 450 (Srinivasa-Gowd et. al., 2010: 113), von denen 75% Klein- bzw. Kleinstbetriebe (< 20 Mitarbeiterinnen und Mitarbeiter) sind (Tandon, 2001: 19). Durch den hohen Bedarf an Wasser beim Gerbprozess, sind die meisten Unternehmen an Flussufern gelegen. Vor allem Standorte am Ganges sowie dem Yamuna-Fluss im Bundesstaat Uttar Pradesh sind populär (vgl. Abb. 1). So können die Flüsse zur einfachen Wassergewinnung und (Abwasser-) Entsorgung verwendet werden. Letztere sind der Grund warum die Gerbereien schon in den 1970er Jahren als „worst anthropogenic polluters" bezeichnet worden sind (Eye/Lawrence, 1971: 2294). Allerdings sind heute neben der Textilindustrie (Ledergerbung), vor allem auch die Zulieferindustrien zu beachten, da von ihnen ebenfalls ein großer Teil des im Boden akkumulierten Spurenmetalls stammt. Das Mittel, dass die Zulieferer der Gerbereien produzieren, verursacht die Akkumulation von COPR (*chromite ore processing residue*). Letzteres enthält häufig sechswertiges Chrom – aus Chromeisenstein (vgl. Abb. 2) gewonnen –, da die Abfälle der Zulieferer keiner Kontrolle durch Behörden oder ähnliche Instanzen unterzogen werden. Auftretende Rückstände bei der Erzaufbereitung sind allerdings noch nicht genau zu beziffern, da Untersuchungen an Böden, die mit COPR in direkten Kontakt gelangten, erst in jüngster Zeit in Angriff genommen wurden, z.B. in Földi et al., 2013.

3.2 Die Belastungssituation in der Region Kanpur

Die Belastungssituation in Kanpur wurde in zahlreichen Studien anhand zahlreicher Bodenproben untersucht, z.B. Kumar, 2014, Földi et al. 2013, Srinivasa-Gowd et al., 2010 oder Singh et al., 2009. Alle Autoren kamen zu dem Schluss, dass eine signifikant erhöhte Chromakkumulation vorliege. Jedoch variieren die Chromwerte der einzelnen Bodenproben bei allen Autoren teils erheblich. Daher ist von einem geradezu fragmentierten Belastungsbild der Region auszugehen, dass punktuell Extremwerte der Chrombelastung aufweisen kann, stellenweise dagegen keine Erhöhung der Werte vorliegen kann. Auch andere Bodenwerte, wie z.B. der pH-Wert oder Kohlenstoffwerte (C-Werte), Stickstoffgehalt (N-Gehalt), etc. wurden bei allen

Autoren gemessen. Dabei wollte man eine mögliche Korrelation von Chrom und anderen Stoffen identifizieren.

Eine genaue Angabe darüber, in welchem Verhältnis das Chrom in seiner unbedenklicheren drei- bzw. hochtoxischen sechswertigen Oxidationsstufe vorkommt, gestaltet sich schwierig, da Chrom ein hohes Redoxpotential besitzt und kurzfristig zwischen Chrom(III) und Chrom(VI) umwandelbar ist (Földi et al., 2013: 1171). Es wird davon aus gegangen, dass Chrom(III) überwiegt. Jedoch merken Autoren immer wieder an, dass Chrom kurzfristig immer wieder zwischen Cr(III) und Cr(VI) oxidiert, bzw. reduziert werden kann. (z.B. Srinivasa-Gowd et al., 2010: 113). Vgl. dazu Kapitel 3.3.1 und Kapitel 3.3.2.

In den direkten Abfällen der Gerbereien wurden Gesamt-Chromgehalte von 600±20 mg l^{-1} bis 1060±40 mg l^{-1} gemessen (Khwaja et al., 2001: 27), die in der Region meist in Verbindung mit anderen Abfällen als Schlacke-Gemisch deponiert werden (vgl. Abb. 4). Die Chromwerte in direkter Umgebung zu dieser Deponie sind dadurch signifikant erhöht. Vergleicht man darüber hinaus Messungen der Oberböden um die Jahrtausendwende von 0,1618 g kg^{-1} bis 6,2278 g kg^{-1} (Ebd.) und aus dem Jahr 2013 von 0,06 g kg^{-1} bis 109 g kg^{-1} (Földi et al., 2013: 1173) wird deutlich, dass die Belastung zugenommen hat und wahrscheinlich auch weiter zunimmt. Die großen Disparitäten der Messungen zeigen jedoch auch, wie punktuell Chrom im Boden akkumuliert ist (vgl. das fragmentierte Belastungsbild). Dadurch gestalten sich vor allem Sanierungsmaßnahmen schwieriger. In Gewässern verteilen sich Schwermetalle dagegen gleichmäßiger. Aufgrund der natürlich stattfindenden Diffusion in Flüssigkeiten, breiten sich Substanzen, die Cr(III) oxidieren bzw. Cr(VI) reduzieren können, gleichmäßiger, sodass im Ganges weitgehend gleichmäßige Cr-Konzentrationen von 0,75±0,009 mg l^{-1} bis 0,27±0,009 mg l^{-1} nachgewiesen werden konnten (Khwaja et al., 2001: 28).

Im Grundwasser ist die Situation wieder komplexer. Während es Standorte in der Region gibt, die keine Belastung zeigten, lag die Belastung mit Cr(VI) – Singh et al. unterschieden in ihrer Studie zwischen der Gesamtmenge Cr und Cr(VI) – zum Teil bei bis zu 10,6 mg l^{-1} (Singh et al., 2009: 53). An genau diesem Standort lag die Gesamtmenge Cr bei 11,65 mg l^{-1} (Ebd.). Die Studie konnte ein 4-5 km² großes Feld mit kontaminiertem Grundwasser ausmachen, dessen Kern eine ehemalige Deponie vieler Gerbereien ist. Der oben genannte Maximalwert wurde in genau diesem Kern gemessen. Mit Hilfe des Computerprogramms MT3D wurde für dieses kontaminierte

Feld eine Fließgeschwindigkeit von 20 m a^{-1} prognostiziert. Diese Entwicklung würde bedeuten, dass sich der „Chromteppich" in 25 Jahren ca. 500 m südwestlich und bis zu 100 m unter die Oberfläche ausgebreitet haben könnte (Singh et al., 2009: 55). Bei diesem Beispiel handelt es sich allerdings um ein *worst-case* Szenario.

Andere Messstandorte dieser Studie wiesen zwar ein geringeres Verhältnis von Cr(VI) zur Gesamtmenge Cr auf, dennoch ist auffällig, dass an den meisten Messstandorten mit hoher Gesamtmenge Cr auch höhere Cr(VI)-Konzentrationen auftreten. Lediglich eine Probe dieser Studie fiel aus diesem Raster (Ebd.). In Anbetracht der Tatsache, dass das Bureau of Indian Standards eine zulässige Höchstkonzentration von 0,05 mg l^{-1} für Trinkwasser festgelegt hat, sind einige der Messwerte dieser Studie bereits bedenklich. Die Messtiefe reichte dabei von 8,5 m bis 16,5 m. Die meisten Trinkwasserbrunnen für den privaten Gebrauch der Bevölkerung befinden sich in genau diesen Bereichen in einer Tiefe von 10 m bis 15 m (Singh et al., 2009: 52). Zwar erkennt man mit Chrom belastetes Wasser an seiner gelben Farbe (vlg. Abb. 5), doch bleibt den Menschen häufig keine Alternative als dieses Wasser zu nutzen.

3.3 Der Umgang des Bodens mit Chrom

Wie in Kapitel 2 erwähnt, tritt Chrom in natürlichen Kompartimenten in zwei stabilen Zuständen, nämlich als Cr(III)- und Cr(VI)-Oxidationsstufe auf. Cr(VI) wurde dabei als im Boden mobilerer Stoff identifiziert als Cr(III). Unter neutralen und basischen Bedingungen, tritt dreiwertiges Chrom in der Regel als Chrom(III)-hydroxid: Cr(OH)$_3$ (s) auf. Cr(VI) dagegen tritt in bis zu 16 Verbindungen auf (IARC, 2015), die sich in ihren Eigenschaften unterscheiden. Rotbleierz (PbCrO$_4$), das weltweit nur in sehr geringen Mengen auffindbar ist (z.B. auf Tasmanien), stellt eine dieser möglichen Verbindungen dar.

Wichtige Reaktionen, die bei Untersuchungen zu Chrom in Böden zu untersuchen sind, sind folglich: die **Oxidation von Chrom(III)** und die **Reduktion von Chromat(VI)**. Die Beobachtungen aus Kapitel 2 zeigen, dass in der Regel Cr(III) und Cr(VI) in Böden simultan auftreten. Offen blieb jedoch die Frage, ob das Verhältnis von gewissen Faktoren im Boden abhängig ist und, wenn ja, welche Faktoren dies sind.

Auch die Bindung beider Oxidationsstufen an Bodenbestandteilen (**Immobilisierung, Sorption**) gilt es zu erörtern. Hier sei bereits vorweg genommen, dass vor allem der

Ionenaustausch an Tonmineralen sowie die Komplexierung durch Huminstoffe untersucht werden müssen. Ein weiterer Prozess ist die **Hydrolyse** von Chrom. Diese ist allerdings ein so hochkomplexer Prozess, dass sie für den Zweck dieser Arbeit nicht weiter erläutert werden wird.

3.3.1 Reduktion von Cr(VI) zu Cr(III) in Böden

Bei der Reduktion von Cr(VI) zu Cr(III) sind mehrere Reaktionen zu berücksichtigen, die parallel oder nacheinander ablaufen können und die Reduktion direkt oder indirekt beeinflussen. Grundsätzlich wird zwischen organischer und anorganischer Reduktion unterschieden:

Bei der organischen Reduktion schafft zunächst die organische Substanz (Huminstoffe und andere organische Verbindungen) einen Teil der Reduktion im Oberboden. Generell gilt für die Cr(VI)-Reduktion durch organische Substanzen Reaktionsgleichung (3.3.1, 1) (Kim, 2008: 16). Beispielhaft für die Cr(VI)-Reduktion durch Oxalsäure, ist Redoxgleichung (3.3.1, 2) angegeben (Ebd.). Vergleichbare Redoxgleichungen ergeben sich bei der Cr(VI)-Reduktion durch Phenole und Mandelsäure. Dabei werden Protonen verbraucht und die Reaktionen sind stark pH- und konzentrationsabhängig. Das entstandene Cr(III) kann als Cr(III)-Oxid ausfallen oder Organo-Cr(III)-Komplexe mit organischer Substanz gebildet haben (Ebd.).

$$(3.3.1, 1) \qquad Cr(VI) + 3C_{reduziert} = Cr(III) + 3C_{oxidiert} \qquad \text{(generalisiert)}$$

$$(3.3.1, 2) \qquad HCrO_4^- + 1{,}5C_2O_4^{2-} + 7H^+ = Cr^{3+} + 3CO_2 + 4H_2O$$

Dabei entstehen Cr(V) und Cr(IV) als instabile Zwischenprodukte, da die Reduktion von Cr(VI) zu Cr(III) Zwischenreaktionen mit Ein- oder Zwei-Elektronentransfer abläuft. Die Aktivierungsenergie (E_a) liegt dabei bei 122 ± 3 kJ mol^{-1} (bei pH = 2; Cr(VI) = 0,02 mmol l^{-1}; Huminstoffe = 100 mg l^{-1}) (Ebd.).

Bei der Reduktion durch Fulvosäuren ist die Aktivierungsenergie dagegen mit 111 ± 1 kJ mol^{-1} niedriger. Dadurch verläuft die Cr(VI)-Reduktion durch Fulvosäure schneller und effektiver als die durch Huminsäuren. Die Cr(VI)-Reduktion durch Fulvosäure kann noch schneller verlaufen als sie durch organische Verbindungen. Allerdings erfolgt diese Reduktion nur unter anaeroben Bedingungen, da diese Reaktion Eisen als Oxidationsmittel benötigt. Eisen liegt unter aeroben Böden meist als Fe(III)-Oxid vor oder als organische Fe(II)- bzw. Fe(III)-Komplexe. In sauren Unterböden dagegen tritt Fe auch als Fe^{2+} auf (Kim, 2008: 17). Folglich findet diese Cr(VI)-Reduktion hauptsächlich in Unterböden statt. Reaktionsgleichung (3.3.1, 3) beschreibt die Reduktion durch gelöstes Fe^{2+}, wobei hier unterschiedliche pH-Werte zu beachten sind. Während bei pH-Werten unter 4 Protonen verbraucht werden (3.3.1, 4), bilden sich bei pH-Werten zwischen 4 und 6 Cr-Hydroxo-Komplexe (3.3.1, 5) bzw. Cr-Fe-Ausfällungen (3.3.1, 6), die schwer löslich sind (Kim, 2008: 18). Auch Fe(II)-haltige Silicate können durch Fe^{2+}-Ionen Abgabe oder durch Elektronentransfer an der Mineraloberfläche Cr(VI) reduzieren. Dies soll durch Gleichung (3.3.1, 7) verdeutlicht werden (Ebd.).

$$(3.3.1, 3) \qquad Cr(VI) + 3Fe(II) = Cr(III) + 3Fe(III) \qquad \text{(generalisiert)}$$

$$(3.3.1, 4) \qquad HCrO_4^- + 3Fe^{2+} + 7H^+ = Cr^{3+} + 3Fe^{3+} + 4H_2O$$
$$(pH < 4)$$

$$(3.3.1, 5) \qquad HCrO_4^- + 3Fe^{2+} + 3H_2O = CrOH^{2+} + 3Fe(OH)_2 + 4H_2O$$
$$(pH\ 4\text{-}6)$$

$$(3.3.1, 6) \qquad HCrO_4^- + 3Fe^{2+} + 8H_2O = 4(Cr_{0,25} + Fe_{0,75})(OH)_3\ (s) + 5H^+$$
$$(pH\ 4\text{-}6)$$

$$(3.3.1, 7) \qquad [Fe(II), K^+_{Biotit}] + Fe^{3+} = [Fe(III)_{Biotit}] + K^+ + Fe^{2+}$$
$$(pH < 3)$$

Auch Sulfide können Cr(VI) reduzieren. Da Schwefel meist als Sulfat (SO_4^{2-}) vorliegt, muss dieser zunächst zu Sulfid reduziert werden. Dabei hängt es vom pH-Wert ab, ob er als H_2S (bei pH < 7) oder HS^- (bei pH > 7) in der Bodenlösung vorliegt. Für die Cr(VI)-Reduktion sind daher auch hier anaerobe Bedingungen Voraussetzung. Vorteil dieser Cr(VI)-Reduktion ist, dass sie wesentlich schneller abläuft als die durch organische Verbindungen (zumindest bei neutralem pH-Wert). So könnte eine Sanierung durch S(II)-haltige Verbindungen die Reduktion beschleunigen (Kim, 2008: 19).

Die Reduktion von Cr(VI) findet also auf natürlichem Wege statt. Allerdings sind der pH-Wert und die Anteile oxidierbarer Bodensubstanz (z.B. Humus) Faktoren, die die Reduktionsgeschwindigkeit beeinflussen. Abb. 6 zeigt die Chromat(VI)-Konzentration eines Podsol im Of- und Cv-Horizont in Abhängigkeit von der Zeit. Deutlich zu sehen ist, dass die Abnahme der Cr(VI)-Konzentration der Humusauflage deutlich schneller verläuft. Jedoch ist auch im humusarmen, sauren Cv-Horizont noch eine Abnahme messbar. Wie das Stabilitätsdiagramm (vgl. Abb. 3) von Cr(III) und Cr(VI) aus Kapitel 2 bereits suggerierte, ist die Stabilität von Cr(VI) im Boden also nicht leicht zu prognostizieren. Fischer et al. unternahmen dennoch den

Versuch, pH-Corg-Felder abzugrenzen (Abb. 7), in denen die Cr(VI)-Reduktion verschiedener Halbwertszeiten verläuft. So lassen sich zumindest gewisse Bedingungen abschätzen, bei denen mit einer langanhaltenden Cr(VI)-Konzentration im Boden zu rechnen ist. Auch wichtige Hinweise für eine Bodensanierung sind hier gegeben. So ist mit einer sehr raschen Cr(VI)-Reduktion zu rechnen, wenn ein saures Milieu vorliegt und genügend organisches Material vorhanden ist. Langsamere Reduktionen finden unter pH-Werten im leicht basischen Milieu statt, vor allem dann wenn wenig organisches Material vorliegt.

Schließlich ist auch die Cr(VI)-Reduktion durch Bodenmikroben als biotischer Pfad zu erwähnen. Sowohl Bakterien als auch Pilze, Algen und Hefen haben die Fähigkeit, Cr(VI) zu Cr(III) zu reduzieren. Dies gelang sowohl unter aeroben als auch anaeroben Bedingungen (Kim, 2008: 21). Die Cr(VI)-reduzierenden Mikroorganismen sind dabei nicht an das Vorhandensein von Chrom gebunden, sondern sind ubiquitär auch in unbelasteten Böden vorhanden. Einflussfaktoren sind vor allem die Belüftung, der pH-Wert und die Konzentration an reduzierenden Substanzen. Zu letzteren gehören im neutralen bis alkalischen pH-Bereich gelöstes, mikrobiell entstandenes Fe(II), im sauren (unterhalb von etwa 5,5) vor allem Schwefelwasserstoffe (H_2S).

Bei der Cr(VI)-Reduktion durch anorganische Substanz ist zunächst Vitamin C zu nennen. Vitamin C, auch Ascorbinsäure ($C_6H_8O_6$), zeigte bei Untersuchungen eine hohe Kapazität Cr(VI) zu reduzieren bei pH-Werten im leicht sauren Bereich. Darüber hinaus konnte eine Korrelation zwischen der reduzierten Cr(VI)-Menge und der Menge an Vitamin C festgestellt werden (Abb. 8): je mehr Ascorbinsäure vorhanden ist, desto mehr Cr(VI) kann reduziert werden. Die Stöchiometrie wird wie in Gleichung (3.3.1, 8) angegeben, angenommen.

$$(3.3.1., 8) \qquad Cr_2O_7^{2-} + 3C_6H_8O_6 + 8H^+ \rightarrow 2Cr^{3+} + 3C_6H_6O_6 + 7H_2O$$

Eine weitere anorganische Cr(VI)-Reduktionsmöglichkeit wurde mit Hilfe von UV mit Titan(IV)-oxid festgestellt (Xu et al., 2006: 256). Diese Form der Cr(VI)-Reduktion benötigt allerdings den Zusatzstoff Methyl-*tert*-butylether (MTBE). Daraus ergibt sich ein relativ kompliziertes Reaktionsschema, das für den Zweck dieser Arbeit nicht weiter erläutert werden soll. Allerdings eignet sich diese Form der Cr(VI)-Reduktion verständlicherweise eher für Flüssigkeiten als für Böden.

Insgesamt bleibt festzuhalten, dass eine Cr(VI)-Reduktion auf vielfältige Weise möglich ist. Generell ist zwischen Reduktion durch organische und anorganische

Substanzen zu unterscheiden, wobei für beide Reduktionsmethoden gilt, dass mit sinkendem pH-Wert, das Reduktionsvermögen steigt. Diese Tatsache ließ bereits das Eh-pH-Stabilitätsdiagramm (Abb. 3) vermuten, da Cr(III) unter im sauren Millieu wesentlich stabiler ist als Cr(VI). Unter aeroben Bedingungen kann eine Reduktion auch im leicht basischen Milieu stattfinden. Ob eine simple pH-Wert Absenkung allerdings zwangsläufig zu einer Cr(VI)-Reduktion führt, ist in der Literatur umstritten. Cr(VI)-Reduktion durch anorganische Substanz konnte beispielsweise effektiv durch Vitamin C nachgewiesen werden. Darüber hinaus können auch UV-Strahlung und Titan(IV)-oxid zu einer Reduktion führen.

3.3.2 Oxidation von Chrom(III) zu Chromat(VI)

Im Gegensatz zu den zahlreichen Mechanismen zur Cr(VI)-Reduktion, kommen in der Natur nicht viele Substanzen vor, die Cr(III) zu Cr(V) oxidieren können. Mangan-Oxide zählen zu den einzigen natürlich vorkommenden Substanzen, die Cr(III) oxidieren können, jedoch ist ihre Oxidationskraft verschieden, da sich Mn-Oxide sehr unterscheiden. So weist beispielsweise Pyrolusit (ein wichtiges Mn-Mineral in Böden) zwar eine geringe Oxidationskraft auf, dennoch haben Arbeitsgruppen festgestellt, dass es ein effektives Oxidationsmittel für Cr(III) darstellt. Dieses Beispiel verdeutlicht, dass bisher noch relativ wenig über die Cr(III)-Oxidation in Böden bzw. mit Bodenmaterial geforscht wurde und einige Fragen noch offen sind. Dennoch lässt sich die Stöchiometrie der Cr(III)-Oxidation aufstellen. (3.3.2, 1) zeigt die Gleichung in allgemeiner Form (Kim, 2008: 23). Die folgenden Gleichungen (3.3.2, 2) bis (3.3.2, 4) sind verschiedenen Studien entnommen und zeigen die Stöchiometrie einer Cr(III) Oxidation mit Hilfe von Manganoxiden bei verschiedenen pH-Werten (Ebd.).

$$(3.3.2, 1) \qquad Cr(III) + 1{,}5Mn(III, IV) = Cr(VI) + 1{,}5Mn(II) \quad \text{(generalisiert)}$$

$$(3.3.2, 2) \qquad CrOH^{2+} + 1{,}5MnO_2(s) = HCrO_4^- + 1{,}5Mn^{2+} + H^+$$
$$\text{(pH 3 - 5)}$$

$$(3.3.2, 3) \qquad CrOH^{2+} + 3MnO_2(s) + 3H2O = CrO_4^{2-} + 3MnOOH(s) + 4H^+$$
$$\text{(pH 6,3 – 10,1)}$$

$$(3.3.2, 4) \qquad CrOH^{2+} + 3MnOOH(s) = HCrO_4^- + 3Mn^{2+} + 3OH^-$$
$$\text{(pH 4,5)}$$

Wie bei der Reduktion von Chromat(VI) (Kapitel 3.3.1), sind auch bei der Oxidation von Chrom(III) die Endprodukte stark vom pH-Wert des Bodens abhängig. Es ist anzunehmen, dass eine vermehrte Cr(III)-Oxidation stattfinden kann, je höher der pH-Wert ist, da Cr(VI) in basischen Milieus eine höhere Stabilität besitzt. Allerdings ist das Vorhandensein von Mn-Oxiden Voraussetzung. Da die Oberfläche von Mn-Oxiden bei trockener Umgebung verändert wird und die Fähigkeit Cr(III) zu oxidieren damit nachlässt (Dhal et al., 2013: 276), ist davon auszugehen, dass trockene Böden eine Cr(III)-Oxidation nicht begünstigen. Doch auch bei günstigsten Bedingungen für eine Cr(III)-Oxidation – sprich basischer pH-Wert und das Vorkommen von Mn-Oxiden – ist nicht davon auszugehen, dass eine vollständige Cr(III)-Oxidation stattfinden wird. Das liegt an der geringen Mobilität des Cr(III), die in Kapitel 3.3.3 erläutert werden wird.

Somit bleibt festzuhalten, dass der eher nicht-wünschenswerte Prozess der Cr(III)-Oxidation unter bestimmten Bedingungen möglich ist. Jedoch ist es erstens extrem unwahrscheinlich, dass eine vollständige Cr(III)-Oxidation stattfindet und zweitens sehr wahrscheinlich, dass Cr(III)-Oxidation und Cr(VI)-Reduktion meist parallel ablaufen. Beide Prozesse wurden zwar separat betrachtet und untersucht, doch merkten alle Autoren an, dass Oxidation meist mit Reduktion einhergehe (bei basischen pH-Werten), während Reduktion auch isoliert stattfinden könne (bei sauren pH-Werten).

3.3.3. Immobilisierung, Sorption

Sorption wird als wichtiger Prozess, der an den Grenzflächen zwischen Fest-, Gas- und Lösungsphase abläuft, verstanden. Dabei spricht man von Adsorption bei einer Anlagerung bzw. Desorption bei einer Ablösung (Scheffer/Schachtschabel et al., 2010: 134). Die beteiligte Festphase wird als Sorbent, der ad- bzw. desorbierende Stoff als Sorbat bezeichnet (Ebd.). Einen adsorbierten Stoff bezeichnet man im Boden auch als immobil, einen gelösten als mobil.

Generell ist die Mobilität von Cr(III) geringer als die von Cr(VI). Vor allem unter basischen bis hin zu leicht sauren Böden gilt Cr(VI) als sehr mobil (Choppala et al., 2010: 239). Das kann zu einer Anreicherung in Unterböden führen, vor allem wenn eine Cr(VI)-reduzierende Humusauflage fehlt (vgl. Kapitel 3.3.1). Cr(III) tritt in Böden als Kation Cr^{3+}, Hydrogenchromat $HCrO_4^-$, $CrOH_2^+$, $Cr(OH)_2^+$, Chromat CrO_4^{2-}, Chrom(III)-hydroxid $Cr(OH)_3^0$ oder $Cr(OH)_4^-$ auf. Die Cr(III)-Adsorption ist abhängig vom pH-Wert und der Kationenaustauschkapazität (KAK) des Bodens (Coppala et al., 2010: 240). Erhöht sich der pH-Wert, erhöht sich auch die negative Oberflächenladung des Bodens und es konnte eine verstärkte Adsorption von Cr(III) an Tonmineralen, Fe- und Mn-Oxiden festgestellt werden. Folglich können auch Humus und Tonanteil eines Bodens aufgrund ihrer negativen Oberflächenladung zu einer Cr(III)-Adsorption beitragen (Ebd.). Abb. 9 zeigt die Ergebnisse einer Studie zur Cr(III)-Adsorption in Abhängigkeit vom pH-Wert und der KAK. Deutlich zu sehen ist, dass die Abhängigkeit des pH-Wertes nahezu proportional ist (a), während die KAK zwar Ausreißer aufweist, jedoch auch eine Steigerung des Cr(III)-Adsorptionspotentials zu erkennen ist (b). Folglich kann von einem zunehmenden Cr(III)-Adsorptionspotential bei steigendem pH-Wert, erhöhter KAK und dem Vorhandensein organischen Materials (vgl. Kapitel 3.3.1) ausgegangen werden. Erst bei pH-Werten von 4 bis 4,5 steigt die Löslichkeit wieder.

Dagegen war die Cr(VI)-Adsorption, das zum Beispiel als Chromat (CrO_4^{2-}), Bichromat ($HCrO_4^-$) oder Dichromat ($Cr_2O_7^{2-}$) auftritt, in der selben Studie in allen Bodenproben geringer. Der Zusammenhang zwischen pH-Wert und der Cr(VI)-Adsorption ist umstrittener: während die Autoren der oben genannten Studie aus ihren Proben auf keinen bzw. keinen signifikanten Zusammenhang schließen (Ebd.), erkennen andere Autoren (z.B. Kim, 2008: 10f.) eine zunehmende Adsorption von Cr(VI) mit abnehmendem pH-Wert. Vor allem an Fe(III)- und Al(III)-Oxiden sowie Bodenkolloiden konnte eine vermehrte Adsorption mit abnehmendem pH-Wert von 8 bis 3,5 beobachtet werden (Ebd.). Die Autoren führen dies auf die hohe positive Ladung solcher Böden zurück. In alkalischen bis schwachsauren Böden dagegen, ist davon auszugehen, dass Cr(VI) relativ mobil ist. Die Cr(VI)-Adsorption von Bichromat kann beispielsweise wie in Gleichung (3.3.3, 1) ablaufen (Ebd.). Dabei werden innersphärische Oberflächenkomplexe gebildet, an denen Bichromat adsorbiert (sog. Ligandensubstitution). Diese Form der Cr(VI)-Adsorption ist jedoch spezifisch und nur in saurem Milieu möglich.

$$(3.3.3, 1) \quad S\text{-}OH + HCrO_4^- = (S^+\text{-}HCrO_4^-)^0 + OH^-;\ S = Oberflächen$$

$$(3.3.3, 2) \quad S\text{-}OH + H^+ + CrO_4^{2-} = (SOH_2^+\text{-}CrO_4^{2-})^-;\ S = Oberflächen$$

Die Chromat-Adsorption an Kaolinit hingegen erfolgt elektrostatisch (3.3.3, 2) durch Bildung von außersphärischen Oberflächenkomplexen. Chromat wird darüber hinaus stärker als Bichromat adsorbiert, auch schon bei pH-Werten ab 6,5 abwärts (Ebd.). Allerdings kann Chromat durch Dihydrogenphosphat ($H_2PO_4^-$) wieder desorbiert werden. Daher werden zur Bestimmung des Cr(VI)-Gehalts eines Bodens Phosphat-Lösungen (z.B. K_2HPO_4) zur Extraktion verwendet werden (Ebd.). Cr(VI) ist folglich bei einem hohen Phosphatgehalt im Boden mobiler, da die Bindungsplätze durch

Phosphate belegt werden. Ebenso können auch organische Säuren mit Cr(VI) um Adsorptionsplätze konkurrieren. Beispielsweise Titan(IV)-oxid bei pH-Werten zwischen 3,2 bis 6,8.

Es gilt also eine Handvoll Faktoren bei Cr(VI)-Adsorptionsuntersuchungen zu beachten, denn die Cr(VI)-Adsorption kann sowohl durch den pH-Wert, den Phosphatgehalt des Bodens und durch organische Säuren beeinflusst werden. Ein Ungunst-Faktor reicht dabei aus, um die Adsorption zu verhindern und Cr(VI) als mobilen Stoff im Boden zurückzulassen.

3.4 Der Umgang des Wassers mit Chrom

Wie bereits erwähnt, liegen die meisten Gerbereien Kanpurs am Ganges oder dem Yamuna-Fluss um einfach an die großen Wassermengen zu gelangen, die für den Gerbprozess nötig sind. Das erleichtert darüber hinaus die Entsorgung der Abwässer, die von vielen Gerbereien illegaler weise ungeklärt zurück in die Flusssysteme geleitet werden. So verwundert es nicht, dass der Ganges als ein unter anderem mit Chrom belasteter Fluss gilt (Khwaja et al., 2001: 34). Untersuchungen des Ganges und seiner Sedimente vor und nach dem Durchfluss Kanpurs ergaben, dass die Chromkonzentration des Wassers nicht alarmierend erhöht ist, nachdem die Gerbereien ihr Abwasser in den Wasserkörper entsorgt haben. Die Belastung des Flusssediments dagegen zeigte eine um den Faktor 10 erhöhte Chromkonzentration im Sommer an der Flussbettoberfläche bei Messstation II nach dem Durchfluss durch Kanpur (Khwaja et al., 2001: 32). Allerdings wurde festgestellt, dass das gefundene Chrom zu 66% an Fe- und Mn-Oxide, zu 6% an organische Materialien und zu 0,003% an Carbonate gebunden war. Lediglich 1% des gemessenen Chroms (insgesamt 293,8 μg g^{-1}) war ungebunden, also mobil (Ebd.). Messungen des Sediments in 20-30 cm Tiefe zeigten, dass die Chromkonzentration deutlich mit der Tiefe des Sediments abnimmt. Die Gesamt-Chrommenge betrug dort 73,6 μg g^{-1}, immerhin eine Abnahme von fast 75% (Ebd.). Auch in dieser Tiefe war ein Großteil des gefundenen Chroms an Fe- und Mn-Oxide gebunden (33%), sowie 20% an organisches Material und 6% an Carbonate. 3% verblieben als mobiles Chrom.

Im Winter dagegen, waren die identifizierten Gesamt-Chromgehalte wesentlich geringer (52,5 μg g^{-1} an der Flussbettoberfläche, sowie 51,2 μg g^{-1} in 20-30 cm Tiefe), was auf eine geringere Aktivität der Gerbereien zurückzuführen sein könnte (Ebd.).

Insgesamt wurde daraus für den Ganges keine gravierende Bedrohung geschlossen. Die Werte übersteigen zwar auch hier gesetzliche Grenzwerte, doch ist das Chrom weitgehend immobil im Ganges, da es zu einem Großteil an organische und anorganische Substanzen gebunden ist. Dies ist auf die natürliche Diffusion innerhalb eines Wasserkörpers zurückzuführen, die eine Bindung des Chroms an organische und anorganische Substanzen erleichtert, da diese leichter verfügbar sind. Nichtsdestotrotz bleibt der Ganges ein Fluss, dessen Wasser sich eigentlich nicht als Trinkwasser eignet, da unter anderem die Spurenmetall-Grenzwerte für Chrom überschritten werden. Auch das Baden und Sich-Waschen im Fluss, das für viele Menschen Indiens eine hohe religiöse Bedeutung besitzt, ist mit Gesundheitsrisiken verbunden. Was die Nutzung des Wassers für den Menschen betrifft, muss die Situation daher doch als besorgniserregend eingestuft werden, obgleich das Gewässer als solches relativ gut mit den hohen Chromkonzentrationen umgehen kann.

4. Sanierungsmaßnahmen

Aus den oben beschriebenen Prozessen geht bereits hervor, dass Böden verschiedene Möglichkeiten besitzen, sich von Chrom, vor allem in seiner sechswertigen Oxidationsstufe, zu entgiften (vgl. Kapitel 3.3.1). Darüber hinaus kann ein Boden mit Hilfe der Cr-Sorption die Mobilität von Chrom einschränken (vgl. Kapitel 3.3.3). Da diese Möglichkeiten jedoch in Gebieten mit hohem Cr-Eintrag die Cr-Akkumulation nicht eigenständig reduzieren können, ist häufig anthropogenes Eingreifen erforderlich. Daher sollen nun zwei Möglichkeiten der Cr-Reduktion vorgestellt werden:

Basierend auf Befunden in New Jersey (USA), dass eine Bodenschicht verwesender Vegetation (im Englischen als „meadowmat" bezeichnet), die etwa 15 bis 120 cm mächtig ist und viel organisches Material enthält. Es stellte sich heraus, dass das Grundwasser unter dieser Schicht keine Cr-Akkumulation aufwies, obwohl darüberliegende Schichten teilweise massiv mit COPR Abfällen und somit mit Cr(III) und Cr(VI) belastet waren. Diese die Mobilität von Cr(VI) einschränkende Schicht, wurde daraufhin näher untersucht. Es konnten verschiedene Bakterienarten identifiziert werden, die trotz der hohen Toxizität von Cr(VI) existieren und gleichzeitig eine Cr(VI)-Reduktion herbeiführen konnten. Diese waren z.B. „Pseudomonas maltophilia", „Escherichia coli" oder „Bacillus subtilis" (Higgins et al., 1998: 1101f.). Es wurde ein *in-situ* Verfahren zur Cr(VI)-Reduktion entwickelt, das eine Einzeldosis Mineralsäure in Kombination mit einem der oben genannten Bakterienarten vorsieht. So soll einerseits der pH-Wert des mit COPR kontaminierten Bodens abgesenkt werden, sodass die Stabilität von Cr(VI) abnimmt und eine Re-Oxidation von Cr(III) zu Cr(VI) verhindert wird. Andererseits schafft das zugegebene Bakterium die Cr(VI)-Reduktion und – im besten Fall – auch eine teilweise Immobilisierung des verbleibenden Cr(III).

Die zweite Sanierungsmaßnahme strebt ebenfalls auf eine Cr(VI)-Reduktion zum weitaus weniger toxischen Cr(III) an. Calcium-Polysulfide (CaS_x) stellte sich als effektives anorganisches Mittel zur Cr-Reduktion heraus (Graham et al., 2006: 33). Eine mögliche Redoxgleichung könnte wie in (4, 1) dargestellt aussehen.

$$(4, 1) \qquad 2CrO_4^{2-} + 3CaS_5 + 10H^+ \rightleftharpoons 2Cr(OH)_{3(s)} + 15S_{(s)} + 3Ca^{2+} + 2H_2O$$

CaS_x ist auch für die Sanierung von Gewässern erfolgreich eingesetzt worden und wurde auch erfolgreich bei *in-situ* Verfahren in Böden getestet. Dabei gab es keine sicherheitsrelevanten Nebenreaktionen (Ebd.). Bei einer Zugabe von CaS_x im

Verhältnis 1:1 zur gemessenen Cr(VI)-Menge der Probe (78,8 mg l^{-1}) blieben nach vier Stunden lediglich 20% des Cr(VI) übrig (bei einem pH-Wert der Probe von 7,9) (Graham et al., 2006: 40). Erhöhte man die CaSx Zugabe auf ein Verhältnis von 5:1, so wurde nach vier Stunden fast kein Cr(VI) mehr gemessen (bei allen pH-Werten zwischen 8 und 13). Diese Sanierungsmaßnahme wurde bereits in einem mit COPR-belastetem Gebiet in Rosebery Park, Glasgow (GB) getestet und stellte sich als erfolgreich heraus.

Inwiefern jedoch das verbleibende Cr(III) langfristig Böden und Sedimente beeinflussen könnte, bleibt bis dato ungewiss. Doch die Entgiftung betreffender Böden und Gewässer von Cr(VI) ist mit Sicherheit ein erstrebenswertes Ziel, auch wenn sowohl die vorgestellte Methode mit organischer, als auch die mit anorganischer Substanz kostspielig sein werden.

5. Fazit

Der Vergleich zahlreicher Studien zur Umweltbelastung der Böden und Gewässer Kanpurs lässt definitiv den Schluss zu, dass insbesondere das Spurenmetall Chrom Böden und Gewässer belastet. Dabei stellte sich die Belastung der Böden als wesentlich komplexer dar als die der Fließgewässer. Böden reagieren aufgrund ihrer Beschaffenheit träger und fragmentierter auf Schadstoffeinträge als Gewässer. Die Chrombelastung kann nachweislich auf die zahlreichen Gerbereien in der Region zurückgeführt werden, die ihre Abfälle und Abwässer ungefiltert in die Fließgewässer und auf illegalen Deponien entsorgen. Die Frage, wie die Chromakkumulation zu bewältigen ist, lässt sich auf verschiedenen Wegen beantworten:

1. Reaktiv:

Kapitel 3 stellte sowohl Maßnahmen vor, wie Böden unter bestimmten Bedingungen ohne anthropogenen Einfluss in der Lage sind, den $Cr(VI)$-Gehalt zu reduzieren, als auch Bodenmechanismen, die eine Sorption, bzw. Immobilisierung von $Cr(III)$ und $Cr(VI)$ bewirken können. In Kapitel 4 sind beispielhaft Sanierungsverfahren vorgestellt worden, die mit einem anthropogenen Eingriff ebenfalls eine $Cr(VI)$-Reduktion hervorrufen können. Abzuwarten bleibt bei beiden Methoden jedoch eine langfristige Beobachtung des verbleibenden $Cr(III)$. Ebenso ist zu beachten, dass eine erneute $Cr(III)$-Oxidation unter bestimmten Bedingungen (pH-Wert > 7 und Vorhandensein von Mn-Oxiden) stattfinden kann und somit die $Cr(VI)$-Reduktion gefährdet.

2. Präventiv:

Einerseits hätte zweifellos eine bessere Kontrolle der Abfälle und Abwässer der betreffenden Gerbereien einen positiven Einfluss auf die Cr-Bodenbelastung. Immerhin ist festgestellt worden, dass viele Gerbereien bereits über geeignete Vorkläranlagen verfügen, diese jedoch aus Kostengründen nicht in Betrieb nehmen. Jedoch sehen Braun und Dietsche nicht ausschließlich die produzierenden Länder, wie Indien, Bangladesh oder China in der Verantwortung. Mit Hilfe einer Veränderung der Wertschöpfungskette der Lederprodukte hin zu einer qualitätsbestimmten Prozesskoordinierung, könnte eine dauerhafte und verlässliche Produkt- und Prozessqualität sichergestellt werden. Das würde allerdings strengere Kontrollen der Käufer und Verarbeitungsbetriebe voraussetzen und letztlich das Endprodukt mit Sicherheit teurer machen. Diese Maßnahme der stärkeren vertikalen Integration von Produktionsprozessen könnte für die Gerbereien in Kanpur allerdings daran scheitern, dass eine hohe Spezialisierung dieser Lederprodukte auf Reitsportartikel vorliegt (vgl. Abb. 1). Beim Kauf eines Produktes dieser Art, achten Käufer weniger auf Produktstandards als bei Produkten, die regelmäßiger am Körper getragen werden (z.B. Schuhe). Auch über mögliche Zusammenlegungen der 300 Klein- und Kleinstbetriebe in der Region müsste nachgedacht werden, um überhaupt in der Lage sein zu können, diese angemessen zu kontrollieren.

Insgesamt wird das Problem der Chrombelastung der Böden, Sedimente und Gewässer in Kanpur noch bestehen bleiben. Erste reaktive Maßnahmen können zwar getroffen werden, doch um langfristig Verbesserungen der Umweltbelastung hervorbringen zu können, sind auch die importierenden Länder in der Verantwortung.

6. Abbildungen

Abb. 1: Standorte der Leder- und Lederwarenproduktion in Indien.
Quelle: Braun/Dietsche, 2008: 12.

Abb. 2: Chromit (oder Chromeisenstein)
Quelle: Universität Wien (http://www.univie.ac.at/Verbreitung-naturwiss-Kenntnisse/min_c.html)

Chromit (refraktär)
Philippinen

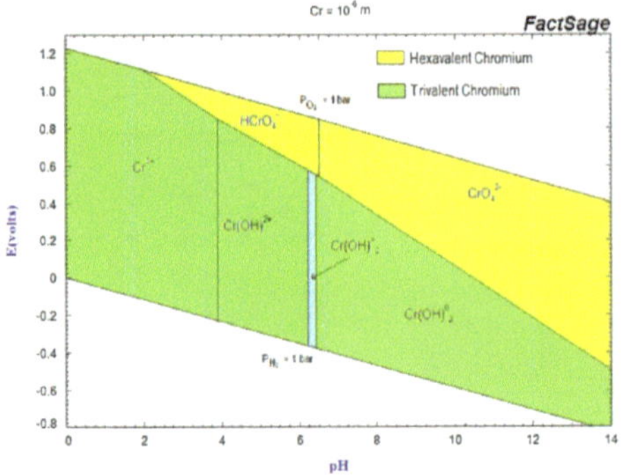

Abb. 3: Eh-pH-Diagram für Chrom in verschiedenen Verbindungen.
Quelle: Dhal et al., 2013: 275.

Abb. 4: Fotografien der chromhaltigen Abfälle (Region Kanpur, UP).
Quelle: Földi et al., 2013: 1172.

Abb. 5: Mit Chrom belastetes Wasser in Jajmau, Kanpur
Quelle: Katrin Matern, Universität zu Köln.

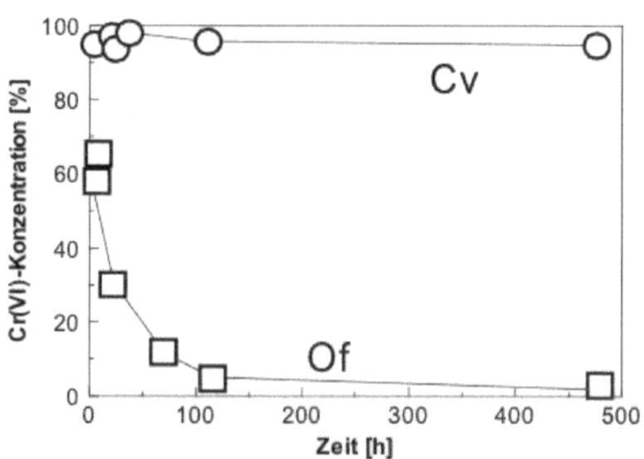

Abb. 6: Chromat(VI)-Konzentration als Funktion der Reaktionsdauer für zwei
Horizonte eines Podsol: **Of**: Corg = 40 %, pH = 3,0; **Cv**: Corg = 1 %, pH = 4,0.
Quelle: Fischer et al., 1998: 27.

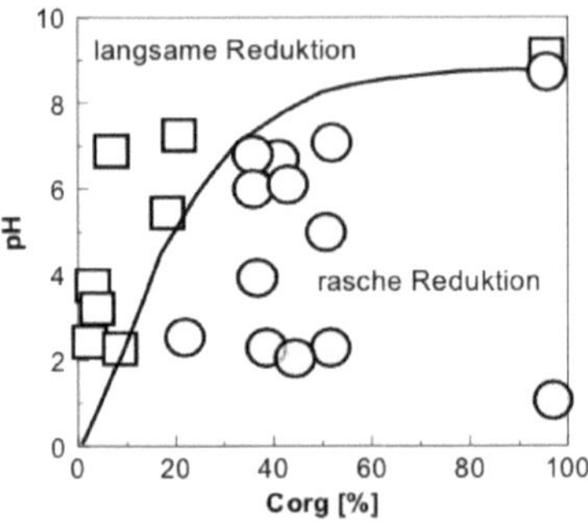

Abb. 7: Darstellung der Bereiche sehr rascher (unter 90 h: schraffierte Kreise), rascher (90 – 240 h: leere Kreise) und langsamer (240 – 700 h: Quadrate) Chromat(VI)-Reduktion als Funktion des pH-Wertes und des Gehaltes an organisch gebundenem Kohlenstoff.
Quelle: Fischer et al., 1998: 29.

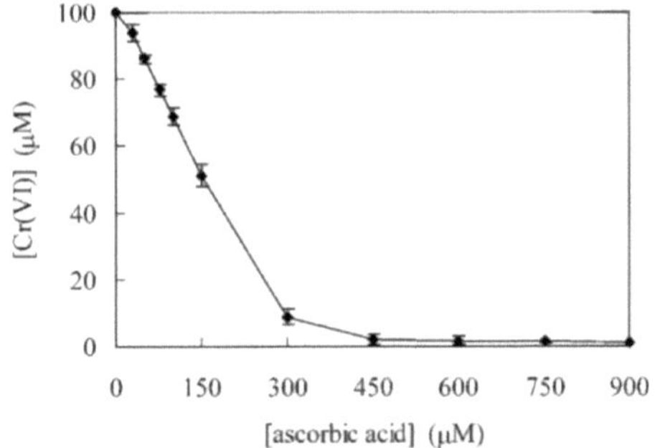

Abb. 8: Relation zwischen Vitamin C-Menge und Cr(VI)-Reduktion bei pH 5,0; Cr(VI)= 100µm; Reaktionszeit 30 min.
Quelle: Xu et al., 2005: 1311.

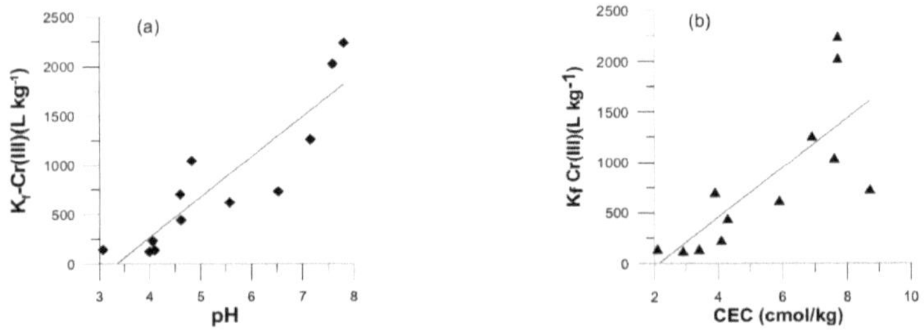

Abb. 9: Der Einfluss von pH-Wert (a) und Kationenaustauschkapazität (b) auf die Cr(III)-Adsorption eines Bodens.
Quelle: Choppala et al., 2010: 240.

7. Literatur

- Blume, H.-P., Horn, R. & Thiele-Bruhn, S. (Hrsg.), 2010. Handbuch des Bodenschutzes. Wiley-VCH, Weinheim.

- Braun, B. & Dietsche, Ch., 2008. Indisches Leder für den Weltmarkt – Umweltprobleme und Standards in globalen Wertschöpfungsketten. In: Geographische Rundschau 60: 12-19.

- Bundesministeriums der Justiz und für Verbraucherschutz, 1999. Bundes-Bodenschutz- und Altlastenverordnung (BbodSchV). Berlin.

- Dhal, B., Thatoi, H., N., Das, N., N., Pandey, B., D., 2013. Chemical and microbial remediation of hexavalent chromium from contaminated soil and mining/metallurgical solid waste: A review. In: Journal of Hazardous Materials 250/251: 272-291.

- Fischer, W. et al., 1998. Verhalten von Chrom in belasteten Böden. In: Bodenökologie und Bodengenese 26: 23-29.

- **Földi, C., Dohrmann, R., Matern, K., Mansfeldt, T., 2013. Characterization of chromium-containing wastes and soils affected by the production of chromium tanning agents. In: Journal of soils and sediments: protection, risk assessment and remediation 13 (7): 1170-1179.**

- Gallagher, S., 2014. The Toxic Price of Leather. The Pulitzer Center, 4. Februar. http://pulitzercenter.org/reporting/asia-india-toxic-pollution-leather-industry-health-problems, 2015-03-26.

- Graham, M., C. et al., 2006. Calcium polysulfide remediation of hexavalent chromium contamination from chromite ore processing residue. In: Science of the Total Environment 364: 32-44.

- Higgins, T. et al., 2011. In Situ reduction of hexavalent chromium in alkaline soils enriched with chromite ore processing residue. In: Journal of the Air & Waste Management Association 48: 1100-1106.

- International Agency for Research on Cancer (IARC), 2015. Agents classified by the IARC Monographs. http://monographs.iarc.fr/ENG/Classification/ClassificationsAlphaOrder.pdf, 2015-03-23.

- Khwaja, A., R., Singh, R., & Tandon, S., N., 2001. Monitoring of Ganga water and sediments vis-à-vis tannery pollution at Kanpur (India): a case study. In: Environmental Monitoring and Assessment 68: 19-35.

- **Kim, R.-Y., 2008. Chrom(VI)-Analyse, Chrom(VI)-Belastungen nordrhein westfälischer Böden und Modellversuche zur Chrom(VI)-Reduktion und Chrom(III)-Oxidation in Böden. Dissertation. Rheinische Friedrich-Wilhelms-Universität zu Bonn.**

- **Kumar, R., 2014. Determination of concentrations of chromium and other elements in soil and plant samples from leather tanning area by Instrumental Neutron Activation Analysis. In: Journal of radioanalytical and nuclear chemistry: an international journal dealing with all aspects and applications of nuclear chemistry 300 (1): 213-218.**

- Munk, H., 1995. Chrom in der Umwelt – Chromgehalte von mineralischen Oberböden liegen im Bereich von Trink- und Oberflächenwässern. In: Wasser und Boden 47 (5): 59-64.

- Rai, D., Sass, B., M. & Moore, D., A., 1986. Chromium(III) Hydrolysis Constants and Solubility of Chromium(III) Hydroxide. In: Inorganic Chemistry 26: 345-349.

- Scheffer, P., Schachtschabel, F. et al., 2010. Lehrbuch der Bodenkunde. Spektrum, Heidelberg.

- **Singh, R., K., Sengupta, B., et al., 2009. Identification and Mapping of Chromium (VI) Plume in Groundwater for Remediation: A Case Study at Kanpur, Uttar Pradesh. In: Journal of Geological Society of India 74: 49-57.**

- **Srinivasa-Gowd, S., Ramakrishna, R. & Govil, P., K., 2010. Assessment of heavy metal contamination in soils at Jajmau (Kanpur) and Unnao industrial areas of the Ganga Plain, Uttar Praddesh, India. In: Journal of Hazardous Materials 174: 113-121.**

- Tandon, S., N., Singh, R. & Khawaja, A., R., 2001. Monitoring of Ganga water and sediments vis-à-vis tannery pollution at Kanpur (India): a case study. In: Environmental Monitoring and Assessment 68: 19-35.

- Umweltbundesamt Österreich, 2010. Wirkung ausgewählter Schadstoffe. http://www.umweltbundesamt.at/fileadmin/site/presse/news_2010/Schadstoffe_Wirkung.pdf, 2015-03-16.

- Xu, X.-R. et al., 2005. Kinetics of the reduction of chromium(VI) by Vitamin C. In: Environmental Toxicology and Chemistry 24 (6): 1310-1314.

- Xu, X.-R. et al., 2006. Simultaneous decontamination of hexavalent chromium and methyl *tert*-butyl ether by UV/TiO$_2$ process. In: Chemosphere 63: 254-260.